Bernd Degen

Mein erstes
Aquarium
zu Hause

bede bei Ulmer

Inhaltsverzeichnis

Kinder lassen sich von Aquarien schnell begeistern. So kann der Grundstein für ein schönes Hobby gelegt werden.

Warum ein Aquarium?

Aquarien sind richtig interessant und das Spiel mit dem Wasser hat uns sicher alle schon als Kinder fasziniert. Die bunte Unterwasserwelt mit schönen tropischen Fischen nach Hause zu holen, ist so ein toller Gedanke, dass Sie sich davon eigentlich nicht mehr abbringen lassen sollten. Vieles spricht für die Einrichtung eines ersten Aquariums in Ihrer Wohnung und wenn Sie die Ratschläge dieses Buchs zum Großteil befolgen, dann werden Sie auch viel Freude an Ihrem Aquarium haben.

Oft hört man das Argument „Ein Aquarium macht so viel Arbeit!", doch dies stimmt ganz einfach nicht. Ein eingerichtetes Aquarium funktioniert sehr gut und bereitet weniger Pflegeaufwand als beispielsweise die Haltung eines Zwergkaninchens. Sicher übernehmen Sie mit der Einrichtung eines Aquariums Verantwortung für das Wohlbefinden der Bewohner, deshalb ist eine entsprechende Betreuung schon wichtig, aber sobald das Aquarium einige Wochen gut funktioniert, lässt der zeitliche Aufwand schnell nach und dem unermüdlichen Spaß des Betrachtens steht nur ein geringer Reinigungsaufwand gegenüber. Das Füttern Ihrer Fische wird Ihnen ja hoffentlich immer Spaß machen. Deshalb handelt es sich hierbei auch nicht um ein schnelles Abfertigen Ihrer Fische, sondern um ein prächtiges Schauspiel, wenn die kleinen, gierigen Mäuler nach dem Futter schnappen.

Gute Gründe für ein Aquarium:
1. Im hektischen Alltag ist ein schönes Aquarium eine Oase der Ruhe und Friedlichkeit.
2. Ein Aquarium wertet Ihren Wohnraum erheblich auf.
3. Ihre Bekannten werden sich für Ihr Aquarium schnell interessieren und Sie darum beneiden.
4. Kinder und Jugendliche können zur Pflege des Aquariums herangezogen werden und lernen so Verantwortung zu übernehmen.
5. Die laufenden Unterhaltungskosten für ein Aquarium halten sich in Grenzen.
6. Dank guter Technik bereitet ein Aquarium während eines Urlaubs auch keine Probleme.

Diese Platys lassen sich die Futtertablette schmecken. Tablette an die Scheibe geklebt und schon ist eine faszinierende Futter-Show vorbereitet.

Aufregend ist die Anschaffung eines Aquariums in jedem Falle und nachdem Sie sich entschlossen haben, Aquarianer zu werden, führt Sie Ihr erstes Ziel zu einem gut sortierten Zoogeschäft in Ihrer Heimatstadt. Dort werden Sie neben einer Beratung auch die verschiedensten Technikmöglichkeiten für das Betreiben eines Aquariums in der Praxis sehen können.

Jetzt kann's losgehen!

Ein größerer Schwarm mit
bunten Roten Neonsalmlern ist
ein Blickfang in jedem Aquarium.
Machen Sie ruhig auch
bei Ihrem ersten Aquarium den
Versuch, ein bis zwei Dutzend
solcher Glanzlichter zu pflegen.

Sie haben sich dazu entschlossen, ein Aquarium einzurichten, und da Sie lange Jahre Freude an dieser Neuerwerbung haben wollen, müssen Sie den Kauf sorgfältig planen. Ihr Aquarium soll eine Art Miniaturbiotop werden, in welchem die Natur kopiert wird. Dass dies nicht so einfach geht, ist völlig klar, denn in kleinen Aquarien laufen die Entwicklungsprozesse doch ganz anders ab, als in der urgewaltigen Natur. Dies müssen Sie sich vor Augen halten, wenn Sie ein erstes Aquarium anschaffen, denn Aquariengröße und Qualität des Zubehörs spielen eine große Rolle. Sparen Sie bitte nicht am falschen Ende, denn im ersten Moment günstig erscheinende Komplettangebote zum Dumpingpreis erweisen sich schnell als ungeeignet und dann wurde das Geld schlichtweg hinausgeworfen. Sicherlich ist heute das Aquarium selbst nicht mehr der Schwachpunkt, sondern die dazugehörige Technik. Im Fachhandel werden oft Komplettangebote als so genannte Einsteigersets angeboten, die oft sehr attraktiv im Preis sind. Da jedoch der Preis die Ausstattung des Zubehörs beeinflussen muss, sei vor allzu günstigen Komplettsets gewarnt. Wägen Sie ab, ob nicht das teurere, aber dafür qualitativ höherwertige, Komplettset vorzuziehen ist. Leider verlieren immer wieder Neueinsteiger die Lust an der Aquaristik, und meist liegt die Schuld beim ungeeigneten Zubehör, welches einfach nicht dafür sorgen konnte, dass das Konzept vom funktionierenden Aquarium aufging. Als exemplarisches Beispiel sei hier die Beleuchtung aufgeführt. Oft bieten Aquarienabdeckungen viel zu wenig Lichtleistung, um den Aquarienpflanzen einen vernünftigen Wuchs zu

garantieren. Dies hat dann zur Folge, dass die Aquarien schneller veralgen oder die Pflanzen verkümmern und nicht richtig wachsen können. Ein solch unschönes Aquarium wird dann schnell wieder aus dem Wohnraum entfernt und fristet dann sein weiteres Dasein auf dem Dachboden oder im Keller.

Da das Aquarium ein Lebensraum für Fische und Pflanzen werden soll, darf es keinesfalls zu klein sein. Einsteigeraquarien werden oft mit einer Länge von 60 cm angeboten, jedoch empfiehlt es sich, gleich bei einer Mindestlänge von 80 cm einzusteigen. Im Fachhandel haben Sie die Garantie, dass Sie neben der Beratung auch die funktionierende Aquarienausstattung mit vollem Service erhalten.

Der Rote Neonsalmler, *Paracheirodon axelrodi*, ist bei Temperaturen von 22 bis 27 °C in einem weichen Wasser bei pH-Werten zwischen 5,0 und 6,5 gut zu pflegen. Mit ihrem gierigen Fressverhalten sind die kleinen Räuber auch auf Lebendfutter angewiesen und ein- bis zweimal in der Woche gehören Frostfutter oder gefriergetrocknete Mückenlarven auf den Speisezettel. Die Zucht ist schwierig und gelingt nur dem Spezialisten. Die Pflege in größeren Schwärmen ist jedoch einfach.

Welches Aquarium ist richtig?

Das richtige Aquarium haben Sie dann gekauft, wenn es Ihnen gefällt. Es gibt verschiedene Formen und Arten von Aquarien, dass mittlerweile kein Wunsch offen bleibt. Doch vielleicht fangen Sie ja erst einmal mit einem Rechteckaquarium von 80 oder 100 cm Seitenlänge an. Später können Sie ja dann auf Ihrer Erfahrung aufbauen und ein zweites, größeres Aquarium anschaffen. Die modernen Klebstoffe auf Silikonbasis machen es möglich, die ungewöhnlichsten Aquarienformen anzufertigen und das typische Goldfischglas von früher ist ja Gott sei Dank in der Aquaristik ausgestorben.

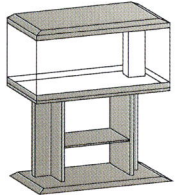

Die klassische Aquarienform ist das Rechteck, wobei Höhe und Tiefe in einem guten Verhältnis stehen sollen. Das Untergestell kann offen oder geschlossen sein.

Einsteigeraquarien gibt es von vielen Herstellern und sie sind alle ähnlich. Die Mindestlänge beträgt 60 cm.

Das Panorama-Aquarium besitzt eine abgewinkelte Frontscheibe, die es zwar interessanter, aber auch schwieriger betrachtbar macht. Bei großen Aquarien ist die Wirkung toll.

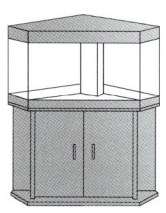

Auch für das Zimmereck läßt sich eine gute Lösung finden und in der hinteren Ecke können die notwendigen Kabel und Filterschläuche bequem versteckt werden.

Aquarien gibt es in fast allen Größen und Formen im Zoofachgeschäft zu kaufen. Bei der Auswahl der Farbe oder des Dekors des Unterschranks sind ebenfalls kaum Grenzen gesetzt.

Wichtige Tipps:

1. Nehmen Sie sich unbedingt Zeit, um eine Einkaufsliste zu erstellen.

2. Zuerst einmal das Aquarium mit sämtlichem Zubehör kaufen.

3. Lassen Sie sich auch Zeit mit der Einrichtung und gehen Sie Schritt für Schritt vor.

4. Machen Sie sich vor dem Pflanzenkauf Gedanken über die Bepflanzung.

5. Warten Sie mit dem Einsetzen der Fische mindestens zwei, besser drei Wochen.

Wohin mit dem Aquarium?

Der Standort des neuen Aquariums muss überlegt ausgewählt werden, denn in einem Wohnzimmer gibt es auch völlig ungeeignete Plätze für ein Aquarium. Je weiter weg das Aquarium von direkter Sonneneinstrahlung aufgestellt wird, desto besser ist es. Wieso? – werden Sie fragen. Die Antwort ist ganz einfach: Es würden sich zu schnell Algen bilden. Dass der Untergrund, auf welchem das Aquarium steht, stabil sein muss, dürfte klar sein, denn ein Aquarium mit den Maßen 80 x 35 x 40 cm wiegt schon über 100 kg. Übrigens gibt es für viele Aquarien auch fertige Unterschränke, die meist einen Schrankraum für das Zubehör oder sogar die Technik besitzen. Mit einem solchen Unterschrank oder einer wohnlichen Aquarienkombination umgehen Sie die möglichen Schwierigkeiten beim Aufstellen.

Der Schwertträger, *Xiphophorus helleri*, gehört zu den bekanntesten Aquarienfischen und fehlt fast in keinem Einsteigeraquarium. Ideal für etwas größere Aquarien ab 80 cm mit mittelhartem Wasser. Stellt wenig Ansprüche an das Futter. Eine Besonderheit ist, dass die Weibchen lebendgebärend sind, was bedeutet, dass sie im Abstand von etwa zwei Monaten bis zu 80 Junge zur Welt bringen. Die Jungfische sind allerdings im gut besetzten Aquarium ein willkommenes Zusatzfutter.

Korallenplatys,
Xiphophorus maculatus

Was man alles braucht:
Hier finden Sie eine Einkaufsliste
für ein 80 cm langes Aquarium.
Die Pflanzen und die Fische werden
später gekauft.

- Ein Aquarium (80 x 35 x 40 cm)
- Eine passende Aquarienabdeckung mit zwei integrierten Leuchtstoffröhren
- Eine weiche Aquarienunterlage zum Ausgleich von Unebenheiten
- Ein Regelheizer mit Thermostat 25 bis 50 Watt
- Ein Aquarienthermometer
- Ein Kreiselpumpeninnenfilter mit Filtermaterial

- Eine Schaltuhr für die Beleuchtung
- Ein Schlauch für den Wasserwechsel von etwa 1,5 Metern Länge und 16 Millimetern Durchmesser
- Ein Scheibenreiniger zur Algenbeseitigung
- Eine bedruckte Rückwand zum Bekleben von außen
- Ein zehn Liter fassender Eimer
- Ein Fischnetz
- Eine Flasche Wasseraufbereiter
- 15 bis 20 kg Aquarienkies mit einer Körnung von 3 bis 5 Millimetern
- Zwei bis drei Dekorationssteine
- Eine kleine Moorkienwurzel
- Eine Packung Aquarienpflanzendünger

Etwas Technik für den Einsteiger

Ein Aquarium ist ein Biotop, in welchem die verschiedensten Bewohner miteinander leben und gut auskommen müssen. Im Verhältnis zum Bach oder See in der Natur ist das Aquarium mit seinen wenigen Litern Inhalt ein vergleichsweise kleiner Biotop und deshalb muss die Technik hier helfend eingreifen. Vor der Aquarientechnik müssen Sie jedoch keine Angst haben, denn zur Einrichtung eines ersten Aquariums kommen Sie wirklich mit wenig Technik aus. Bei entsprechender Beratung im Zoofachgeschäft wird dann auch brauchbares Gerät erworben.

Bei diesem neuen Einsteiger-Set ist eine Filterkammer fest eingeklebt. Dort hinein wird der Filtermattenblock geschoben. Der Heizstab und die Filterpumpe finden ebenfalls im Innenfilter Platz. So lässt sich ein Aquarium schon am ersten Tag schnell vorbereiten und teilweise einrichten. Die Technik ist heute so perfektioniert, dass Aquarien zu den einfachen Hobbys gezählt werden können

Fast jeder Aquarienhersteller bietet auch ein Komplettpaket an und manchmal darf man sich wirklich wundern, wie günstig solche Komplettaquarien sind. Doch Vorsicht, nicht alles was günstig erscheint ist auch brauchbar. Betrachten Sie solche Einsteigersets ruhig einmal etwas kritischer und seien Sie lieber bereit, ein paar Euro mehr zu bezahlen, um dafür ein wirklich brauchbares Set zu erwerben. Gerade bei diesen Sets ist auf die funktionierende Technik zu achten und es nützt wirklich nichts, wenn der Filter oder die Beleuchtung eines solchen Sets nicht richtig dimensioniert sind. Gerade was die Beleuchtung angeht, wird bei solchen Einsteigeraquarien gerne gespart und mit einer schwachen Beleuchtung wird man später keinen schönen Pflanzenwuchs im Aquarium haben – der Frust ist bereits vorprogrammiert. Wenn es der Platz zu Hause zulässt, kaufen Sie lieber gleich die nächste Größe Ihres Wunschaquariums und die passende Technik dazu.

Meistens reicht anfangs eine Grundausstattung an technischen Geräten völlig aus. Mit den späteren Ansprüchen und der Einrichtung eines zweiten Aquariums steigen dann auch Ihre Ansprüche oder Sie werden so viel Erfahrung sammeln, um schnell entscheiden zu können, was Sie an technischen Geräten wirklich dazukaufen müssen. Zur Grundausstattung gehören eine Aquarienheizung, eine passende Beleuchtung und ein geeigneter Filter. Dass Sie die Temperatur mit einem Thermometer überprüfen werden, ist vielleicht klar, und dass ein Netz zum Herausfangen der Fische dazugehört, erscheint auch logisch. Doch dies sind vielleicht Kleinigkeiten. Heizung, Beleuchtung und Filterung, das bedeutet aber auch drei voneinander unabhängig arbeitende Geräte und mindestens drei Steckdosen hinter dem Aquarium. Bitte berücksichtigen Sie dies gleich von Anfang an. Auch die Sicherheit, dass Strom und Wasser keinesfalls zusammen kommen, muss gewährleistet sein!

Der Zebrabärbling, *Danio rerio*, ist anspruchslos und bereitet als aktiver Schwimmer viel Freude. Die einzige Bedingung ist, dass Sie einen Schwarm von mindestens zehn Fischen zusammen pflegen. Ständig jagen die Männchen hinter den Weibchen her und ab und zu sehen sie vielleicht Laichkörner zu Boden sinken, die jedoch schnell gefressen werden. An das Futter stellen sie keine größeren Ansprüche.

13

Der Gepunktete Fadenfisch,
Trichogaster trichopterus,
braucht etwas größere Aquarien,
ist aber sonst bei seinen Pflege-
ansprüchen sehr zurückhaltend.

Natürlicher Biotop in Amazonien

Die richtige Beleuchtung

Unsere Aquarienpflanzen, aber auch die Fische, benötigen Licht, um zu wachsen. Aber nicht nur die Lichtmenge, auch die Qualität des Lichts ist von Bedeutung. Es ist schwierig, im Heimaquarium die Kraft der Sonne auch nur annähernd nachzuvollziehen. Die Aquarien-Spezialfirmen haben es sich zur Aufgabe gemacht, die richtigen Lichtfarben für den Betrieb eines Aquariums herauszuarbeiten und so kann gesagt werden, dass die im Handel angebotenen Lichtquellen für Aquarien meist ideal auf die Bedürfnisse unserer Aquarienbewohner zugeschnitten sind.

Leuchtstoffröhren spielen immer noch die bedeutendste Rolle als Lampentyp bei der Aufstellung eines Aquariums. Sie haben viele Vorteile, denn sie verbrauchen wenig Strom, sind lange haltbar und in fast allen Lichtfarben erhältlich. Verschiedene Röhren lassen sich nebeneinander anordnen. So lässt sich das Licht mischen und es sind spezielle Lichtqualitäten zu erzeugen. Wählen Sie jedoch nicht eine einzige Lichtfarbe, denn schnell machen Sie den Fehler, ein rötlich-violettes Licht zu bevorzugen, welches das Aquarium besonders attraktiv erscheinen lässt. Dieses Licht ist jedoch

speziell für Landpflanzen geeignet und erzeugt im Aquarium schnell einen unerwünschten Algenwuchs. Die Menge des Lichts hängt immer von Pflanzenbestand und der Höhe des Aquariums ab. Normale Aquarien sind 40 bis 60 cm hoch, und bei diesem Wasserstand lässt sich mit Leuchtstoffröhren sehr befriedigend arbeiten. Einen Reflektor über den Röhren anzubringen ist clever und eigentlich sollte dies Ihr Aquarienhersteller bereits getan haben. Durch die silberfarbenen Reflektoren gelangt wesentlich mehr Licht in die Aquarien. Zumindest sollte die Aquarienabdeckung innen weiß sein, damit Licht reflektiert wird.

Im Handel gibt es sehr schöne Aquarienabdeckungen für alle gängigen Aquariengrößen. In diesen befinden sich bereits Fassungen für Leuchtstoffröhren, so dass es von der Industrie vorgegeben wird, wie viele solcher Röhren zum Einsatz kommen. In der Regel werden für Aquarien von 60 bis 80 cm Länge je zwei Leuchtstoffröhren verwendet. Das typische Meteraquarium mit einer Breite von 50 cm und einer Höhe von 50 cm muss dagegen schon drei Leuchtstoffröhren aufweisen, da sonst die Lichtmenge nicht mehr für einen perfekten Pflanzenwuchs ausreicht.

Je mehr Licht, desto besser wachsen die Pflanzen, allerdings anfangs auch die unerwünschten Algen.

Wer einmal in den Tropen und somit in der Heimat unserer Aquarienfische war, der wird festgestellt haben, dass dort die Tagesabläufe meist so sind, dass die Sonne ziemlich exakt zwölf Stunden scheint, und die restlichen zwölf Stunden des Tages schnell zur Dämmerung und zur Nacht werden. Dies heißt für unsere Aquarien, dass eine Beleuchtungsdauer von zwölf Stunden als Richtwert ideal ist. Selbstverständlich können Sie mit Hilfe einer Zeitschaltuhr die Lichtdauer sehr genau einstellen und Sie werden die Beleuchtung Ihres Aquariums auch Ihrem Lebensrhythmus angleichen. Wenn Sie frühmorgens das Haus verlassen, um zur Arbeit zu gehen, macht es Sinn, die Aquarienbeleuchtung so einzustellen, dass am Feierabend und in die Nacht hinein Ihr Aquarium noch schön beleuchtet ist, so dass Sie Freude daran haben.

Ideal ist es, dabei gleich etwas für die Algenbekämpfung zu tun, indem Sie die Zeitschaltuhr so einstellen, dass am Nachmittag nach einer Beleuchtungszeit von etwa sechs Stunden das Licht für ein bis zwei Stunden ausgeschaltet wird. Durch diese Lichtunterbrechung werden die Algen geschädigt und verschwinden so meist schnell von selbst wieder.

Etwas Heizung muss sein

In den tropischen Gewässern herrschen das ganze Jahr über tropische Wassertemperaturen, was bedeutet, dass das Wasser im Mittel um 24 °C warm ist. Diese Temperatur ist als Durchschnittstemperatur auch für fast alle Aquarienfische als ideal zu bezeichnen.

Spezialisten unter den Fischen, die eine geringere oder höhere Wassertemperatur bevorzugen, müssen diese auch angeboten bekommen, doch dazu müssen Sie sich im Zoohandel beraten lassen, wenn Sie mit dem Fischbesatz Ihres Aquariums beginnen.

Um ein Aquarium zu heizen, wird am besten einen Heizstab mit Thermostat verwendet. Diese Regelheizer gibt es in allen gängigen Leistungsstufen. Sie können einfach ein Watt Heizleistung für zwei bis drei Liter Wasser rechnen. Dies heißt: Für Ihr erstes Aquarium mit 100 l Wasser brauchen Sie

Die meisten unserer Aquarienfische stammen aus tropischen Gewässern. Dort können die Wassertemperaturen schnell einmal bis auf 32 °C ansteigen. Mittelwerte um 24 °C sind jedoch für die allermeisten Aquarienbewohner als ideal anzusehen.

einen Heizstab mit 33 bis 50 Watt Leistung. Gute Heizstäbe halten die einmal eingestellte Temperatur sehr genau und mit dem täglichen Blick auf das Thermometer erfüllen Sie eine wichtige Kontrollaufgabe. Da die Hülle des Heizstabs aus Glas besteht, muss er immer bis zu seiner Markierung unter Wasser eingetaucht sein, er könnte sich sonst erhitzen und platzen.

Die Kardinälchen, *Tanichthys albonubes*, haben sich viele Jahrzehnte als Erstbewohner eines Einsteigeraquariums bewährt. Sie lieben es, feinem Futter hinterherzujagen und zwischen den Pflanzen abzulaichen. An das Wasser stellen sie wenig Ansprüche und im Wohnzimmeraquarium gehören sie zur ersten Wahl.

Mit einem Thermometer wird die Wassertemperatur schnell kontrolliert, jedoch sind viele Thermometer ungenau.

Zuverlässig und einfach wird ein Aquarium mit einem Regelheizer beheizt, bei dem sich die Temperatur vorwählen lässt. Diese Heizstäbe sind geprüft und im Süßwasseraquarium ungefährlich, selbst wenn einmal das Glas springen sollte.

Das erste Aquarium macht große Freude, birgt aber auch so manche Überraschung. Wohin mit diesen Kabeln?

Eine ganz andere Art der Aquarienbeheizung sind die so genannten Bodenheizungen oder Bodenfluter. Es handelt sich hierbei um flexible Bodenheizkabel, die mit Gummisaugern auf den Glasboden geklebt werden. Auf das Kabel wird dann der Bodengrund gefüllt und schon ist es verschwunden. Bodenheizungen im Niedervoltbereich sind absolut gefahrlos. Ein wesentlicher Vorteil der Bodenheizung ist die günstigere Wasserdurchflutung des Bodengrunds, was auch wieder zu einem besseren Pflanzenwachstum führt.

Dies ist eine einfache Bodengrundheizung, die mit Gummisaugern auf der Bodenscheibe festgeklebt wird.

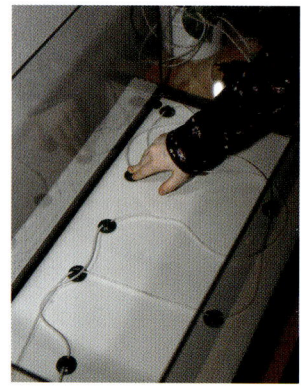

Schon kann der Bodengrund auf das Kabel geschüttet werden und es ist verschwunden. Die Zuleitung wird nach unten verlegt.

Aquarienpflanzen lieben eine Bodenheizung, da die Durchflutung des Bodengrunds auch zu einem Nährstofftransport führt, der wiederum für prächtigen Pflanzenwuchs sorgt.

Der Filter hält fast alles sauber

Eine Filterung kann den empfohlenen wöchentlichen Teilwasserwechsel, bei dem etwa ein Viertel des Aquarienwassers erneuert wird, nicht ersetzen. Ständig gelangen durch den Stoffwechsel der Fische und Pflanzen Stoffe ins Wasser, welche die Wasserqualität verschlechtern können. Zwar wird durch Bakterien ein ständiger Abbau von Schadstoffen vorgenommen, doch begünstigt der Einsatz eines wirksamen Aquarienfilters die Wasserqualität. Denken Sie doch nur einmal an ein Schwimmbad, in welchem jeden Tag eine ganze Menge Badehungrige schwimmen. Da wird schnell

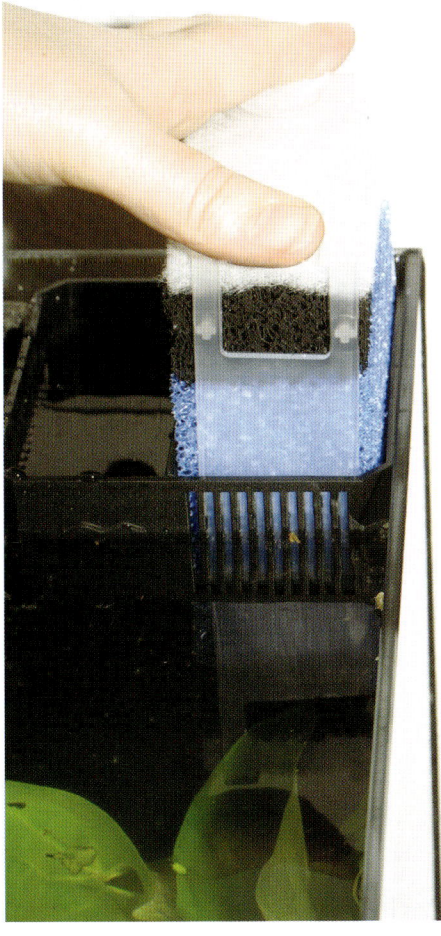

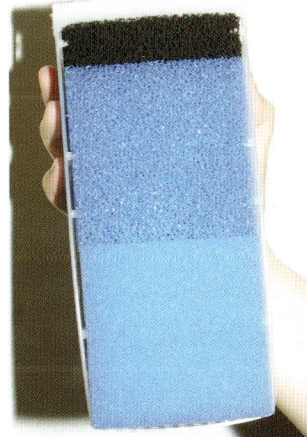

Der fertige Filterblock mit verschieden feinem Filterschaum, wird einfach in den Innenfilter geschoben. Der schwarze Schwamm wird wöchentlich ausgewaschen.

Innenfilter eines größeren Aquariums. Das Wasser läuft über den Kamm in den Filter und wird aus der Klarkammer zurückgepumpt.

23

klar, dass es ohne Filterung nicht gehen kann. Die Zahl der Arten von Filtern, die heute im Fachhandel angeboten werden, ist riesengroß und der geeignete Filter lässt sich nur schwer finden.

Passen Sie die Filtergröße unbedingt der Aquariengröße an, denn es macht keinen Sinn, den Filter überzudimensionieren.

Auch ein langsam laufender Biofilter erfüllt seine Aufgabe ebenso perfekt wie ein schnell laufender Filter, der in erster Linie grobe Schmutzpartikel entfernt. Ein guter Filter muss für den Anfang verschiedenen Anforderungen genügen.

Zum einen müssen grobe Schmutzpartikel mechanisch entfernt werden, zum anderen sind aber auch unsichtbare gelöste Substanzen herauszufiltern. Gleichzeitig muss das Wasser durch den Filterstrom in Bewegung gehalten werden und zu guter Letzt soll durch die Filterung auch noch Sauerstoff ins Wasser gelangen.

Im Wesentlichen können Innen- und Außenfilter unterschieden werden. Was man sich für sein Aquarium als Wunschfilter zulegt, ist vor allem Geschmackssache. Den Einen stört es schon, wenn im Aquarium ein Filterkasten sichtbar ist, der Andere möchte dagegen einen kleinen kompakten Filter lieber im Aquarium haben, denn er kann ihn ja sehr gut hinter Pflanzen verstecken. Gibt es einen Unterschrank, so ist vielleicht der Außenfilter, der in diesem Unterschrank steht, eine gute Möglichkeit und eine pfiffige Idee. Nachteile des Außenfilters sind wiederum die Schlauchverbindungen, die ja von dem Unterschrank irgendwie ins Aquarium verlegt werden müssen. Der Innenfilter hat diesen Nachteil nicht.

Einblick von oben in den Filterkasten. Rechts die Filterkammer und links die Klarwasserkammer mit Pumpe und Regelheizer.

Moderne Aquarienfilter besitzen mehrere Kammern oder diverse Filtermaterialschichten. Filtermaterial ist verschieden grobkörnig oder feinporig, um Schmutz zurückzuhalten und Bakterien die Chance zu geben, sich auf diesem Material anzusiedeln und dort Schadstoffe abzubauen.

> **Ein paar Filtertipps:**
> 1. Filter nie länger als 30 Minuten abschalten.
> 2. Vorfilter regelmäßig reinigen.
> 3. Filtermaterial nie komplett austauschen.
> 4. Filterschaum nicht restlos auswaschen.
> 5. Keine chemischen Reinigungsmittel verwenden.

Hüten Sie sich davor, Ihren Filter, der endlich biologisch funktioniert, zu gründlich zu reinigen, denn dadurch würden Sie die Filterbakterien gnadenlos zerstören. Es empfiehlt sich, nie alles Filtermaterial gründlich auszuwaschen, sondern immer nur Teile. Die Mikroorganismen benötigen ein Substrat, um sich anzusiedeln und zu vermehren. Je mehr Mikroorganismen in Ihrem Filter angesiedelt wurden, desto besser ist die Filterleistung. Auch wenn der Filter vielleicht schmutzig aussieht, sagt dies noch wenig über seine wirkliche Verschmutzung aus. Vielleicht arbeitet der Filter nur einfach perfekt und Sie sollten auf keinen Fall jetzt mit heißem Wasser und einer Bürste dem Filtermaterial zu Leibe zu rücken, denn dies hätte katastrophale Folgen. Bei Mehrkammerfiltern empfiehlt es sich, eine oder

zwei Kammern auszuräumen, zu reinigen und das Filtermaterial wieder zurückzugeben. Das Material in den verbliebenen Kammern besitzt noch so viele Mikroorganismen, dass schnell das gereinigte Filtermaterial neu besiedelt wird. Hüten Sie sich vor chemischen Reinigungsmitteln bei der Reinigung Ihrer Filtermaterialien, denn dies kann fatale Folgen für das gesamte Aquarium haben. Schon kleinste Rückstände von Chemikalien oder Universalreinigern rufen schwere Schäden bei Pflanzen und Tieren im Aquarium hervor.

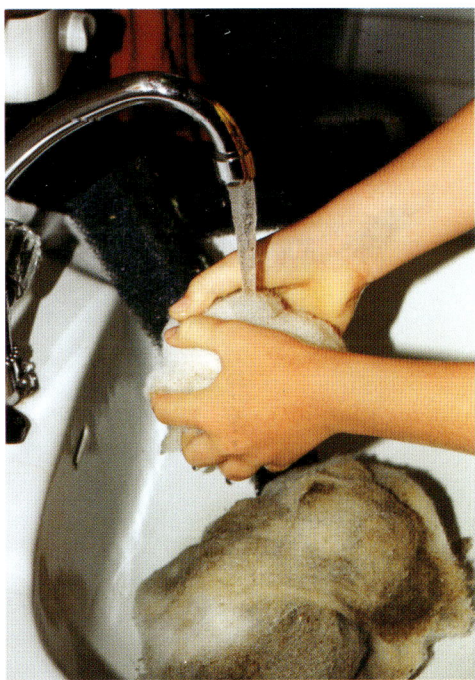

Zur Reinigung des Filtermaterials ist möglichst lauwarmes Wasser zu verwenden, damit die restlichen Bakterien nicht zerstört werden.

Wasser –
Lebenselexier für unsere Fische

Da läuft es klar und farblos aus dem Wasserhahn heraus, unser Leitungswasser, und dennoch ist Wasser nicht gleich Wasser. Da gibt es das Schwarzwasser im Rio Negro, einem riesigen Fluss im Amazonasgebiet mit einem pH-Wert von etwa 4,0 und einem elektrischen Leitwert um 10 µS/cm. Da kennen wir riesige Seengebiete in Afrika, deren Gewässer pH-Werte um 8,5 und deren elektrische Leitwerte hunderte von µS/cm aufweisen. Gegensätzlicher können Wasserwerte wohl kaum sein. Und in jedem dieser Wassertypen leben unsere Aquarienfische. Diesen verschiedenen Wasserparametern muss in der Aquarienhaltung Rechnung getragen werden. Es macht keinen Sinn, afrikanische Malawisee-buntbarsche zusammen mit brasilianischen Neonsalmlern zu pflegen. Also ist auch hier wieder Information oberstes Gebot.

Wir wollen es uns am Anfang aber mit dem richtigen Aquarienwasser nicht zu schwer machen. Unser Leitungswasser ist im Großen und Ganzen für die gängigen Aquarienfische geeignet. Sie sollten aber dennoch eine Probe Ihres Leitungswassers mit ins Fachgeschäft nehmen und dort den Händler einmal bitten, Ihr Wasser auf die wichtigsten Werte zu testen. Wenn Sie dort auch Ihr Zubehör und Ihre Fische kaufen, stoßen Sie sicherlich nicht auf Ablehnung. Sie können aber auch selbst die wichtigsten Wasserparameter ganz einfach messen, denn im Handel gibt es schon zu günstigen Preisen Testreagenzien für einfachste Tests. Sie füllen in ein Meßröhrchen 5 oder 10 ml Aquarienwasser ein und fügen die entsprechende Menge Tropfen aus der Reagenzflasche zu, warten kurz den Farbumschlag ab und schon können Sie auf einer farbigen Tabelle ablesen, wie hart, wie weich, wie sauer oder basisch Ihr Aquarienwasser eigentlich ist.

Vor einer solchen Messung brauchen Sie wirklich keine Angst zu haben. Es macht im Gegenteil sogar Spaß, einmal zu wissen, ob das Leitungswasser eigentlich weich oder hart ist.

In Amazonien gibt es die verschiedensten Wassertypen. Im bräunlich aussehenden Schwarzwasser mit niedrigem pH-Wert kommen viele unserer Aquarienfische vor.

Bei diesem Pärchen Roter Neonsalmler sind die Geschlechtsunterschiede deutlich erkennbar. Das rechts stehende Weibchen zeigt einen Laichansatz und ist dicker.

Härtegrade des Wassers: Das Wasser wird in unterschiedliche Härteklassen aufgeteilt:

sehr weich	0 bis 3,9 °dGH
weich	4 bis 7,9 °dGH
mittelhart	8 bis 17,9 °dGH
hart	18 bis 30 °dGH
sehr hart	über 30 °dGH

Zu hartes Wasser lässt sich enthärten und zu weiches Wasser kann aufgehärtet werden. Doch das gehört eigentlich schon in den Bereich der fortgeschrittenen Aquaristik und für uns spielt es jetzt keine Rolle, was sich da für Feinheiten herausarbeiten lassen.

Schauen wir noch kurz auf den pH-Wert. Im Süßwasseraquarium ist ein pH-Wert zwischen 6,0 und 7,5 fast immer richtig und für die meisten Fische gut akzeptabel. Nur Spezialisten unter den Fischen brauchen vielleicht einen extrem niedrigen oder extrem hohen pH-Wert, doch diese Spezialfische schaffen Sie sich vielleicht erst an, wenn Sie genügend Erfahrung mit Ihrem ersten Aquarium gesammelt haben.

pH-Wert im Wasser

0 bis 6,9	sauer
7	neutral
7,1 bis 14	basisch

Jetzt sind Sie aber neugierig geworden und wollen wissen, welchen pH-Wert Ihr Leitungswasser eigentlich genau hat. Nichts leichter als das: Sie kaufen sich eine Packung Teststreifen oder Tropfreagenzien und messen den pH-Wert. Dies ist kinderleicht und schnell sehen Sie ein erstes Ergebnis.

Der Bodengrund kann den pH-Wert schnell beeinflussen. Dies ist bei der Auswahl des richtigen Bodenbelags zu beachten.

Ist genug Sauerstoff im Wasser?

Aquarianer haben in der Anfangsphase immer wieder Angst, dass Ihre Fische zu wenig Sauerstoff bekommen und dann ist die vermeintliche Rettung ein Sprudelstein. Diese luftsprudelnden porösen Steine sehen ganz gut aus und sind auch lustig, jedoch in Ihrer Wirkung eigentlich sehr ungünstig, denn statt Sauerstoff hineinzubringen, treiben Sie nur wichtiges gelöstes Kohlendioxid heraus. Bei normalem Fischbesatz und etwas Bepflanzung befindet sich genug Sauerstoff im Aquarium. Nur wenn die Fische wirklich an die Wasseroberfläche schwimmen und nach Luft schnappen würden, wäre dies ein ernstes Alarmzeichen. Dann wäre es allerdings höchste Zeit, einen Teilwasserwechsel vorzunehmen, was die beste Hilfe darstellt.

Eine Durchlüftung des Aquariums ist bei normalem Besatz und guter Bepflanzung nicht nötig. Durch zu viele Luftblasen wird unerwünschterweise gelöstes Kohlendioxid aus dem Wasser ausgetrieben.

Wir richten das Aquarium ein

Wie Sie Ihr erstes Aquarium einrichten, ist stark von Ihrem Geschmack abhängig. Sicher haben Sie sich schon ein Traumaquarium in einem Buch oder einem Geschäft angeschaut und jetzt wollen Sie das gleiche Aquarium zu Hause haben. Dem steht nicht viel entgegen, außer dass Sie eine Einkaufliste machen müssten, um alles Zubehör einzukaufen.

Künstliche Rückwände, in jeder Preislage erhältlich, verändern ein Aquarium gewaltig.

Lassen Sie sich aber bitte etwas Zeit bei Ihren Überlegungen, denn das hat noch nie geschadet. Kaufen Sie nicht einfach Fische und Pflanzen nach bunten Farben ein, sondern überlegen Sie sich zuerst einmal, welchen Lebensraum vor allem die Fische in Ihrem Aquarium erwarten werden. In der Beschränkung liegt oft der wahre Meister.

Das erste Aquarium ist meist ein Gesellschaftsaquarium für welches miteinander harmonierende Fische und zueinander passende Pflanzen gekauft werden. Es macht sicherlich Sinn, sich Gedanken zu machen,

ob die Pflanze, die ausgewählt wurde, auch in ein 80 cm breites und 40 cm hohes Aquarium passt. Wird die Pflanze nämlich 60 cm hoch, so haben wir schon das erste Problem. Auch würde es keinen Sinn machen, beispielsweise von Schwarmfischen wie den bekannten Neonsalmlern nur ein oder zwei Stück einzukaufen. Diese Fische wollen wie der Name schon sagt, im Schwarm gehalten werden und auch im kleinen Aquarium ist eine Mindestzahl von zehn Stück schon die Untergrenze. Also – Sie sehen –, es ist gar nicht so einfach, Fehler zu vermeiden.

Was bleibt, ist wieder der Weg ins gute Fachgeschäft und die Beratung dort. Wenn Sie Fische und Pflanzen aus einem Herkunftsgebiet auswählen, ist die Wahrscheinlichkeit, dass diese zusammenpassen, schon sehr hoch.

Die schwarze Rückwand täuscht Tiefe vor, schluckt aber auch sehr viel Licht. Bei diesem stark bepflanzten Aquarium ist ein regelmäßiger Rückschnitt der Pflanzen erforderlich.

Auf Steine aufgebundenes Flutendes Teichlebermoos, *Riccia fluitans*, passt in seiner Feinheit herrlich zu diesem Schwarm Roter Neonsalmler.

Einrichten – Schritt für Schritt

Die Vorarbeiten sind gemacht, der Standort wurde ausgewählt und endlich steht das Aquarium an seinem Platz. Mit Essigwasser wird es innen ausgerieben und mit klarem Wasser nachgespült. Mit einer Wasserwaage konnte festgestellt werden, dass alles im Lot ist und nicht nur wegen der Wärmedämmung, sondern auch wegen des gleichmäßigen Stands, wurde eine Isolierplatte unter das Aquarium gelegt.

So ganz ohne Rückwand geht es doch nicht, denn eine schöne Rückwand vermittelt Tiefe und Natürlichkeit; eine durchscheinende Tapete wirkt sehr unnatürlich. Da gibt es zum einen schöne Fotorückwände, die einfach mit Klebeband von außen auf die Rückscheibe geklebt werden. Wem dies nicht genug ist, der kann sich zum anderen eine strukturierte Rückwand hinter das Aquarium kleben.

Mit Essigwasser die Scheiben abreiben und klarspülen. Einen geeigneten Standplatz suchen und am besten eine Schaumstoffunterlage oder eine dünne Styroporplatte auf den Schrank legen. Schon kann das Aquarium sicher abgestellt werden.

Die Rückwand von außen mit einer selbstklebenden Folie abdecken, wobei mit einem Schaber Luftblasen in der Folie vermieden werden können. Die Farbauswahl ist vom persönlichen Geschmack abhängig, jedoch scheinen dunkle und kräftige Farben besser geeignet zu sein.

Am besten investieren Sie gleich etwas mehr Geld und kaufen eine fertige Rückwand mit Felscharakter, die ins Aquarium geklebt wird. Hierzu brauchen Sie dann allerdings Silikonkleber, der für Aquarien geeignet sein muss.

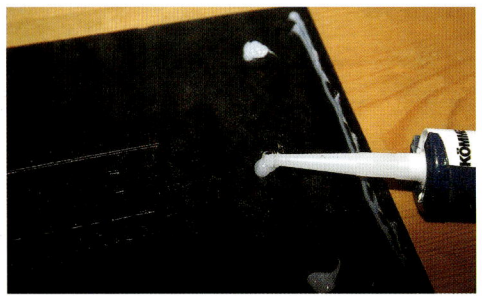

Die mitgelieferte Kunststoffrückwand wird mit Silikonkleber versehen und von innen auf die Rückscheibe geklebt. Aushärtezeit 24 Stunden.

Irgendwie sieht das Aquarium mit der schönen Rückwand schon ganz toll aus. Jetzt kann der Bodengrund eingefüllt werden. Ideal ist ein kalkfreier Aquarienkies mit einer feinen Körnung von etwa 2 bis 5 mm. Die Höhe des Kieses ist auch etwas von der Größe des Aquariums abhängig, aber 5 bis 7 cm Höhe sollten ausreichend sein, um später Pflanzen hineinsetzen zu können.

Kies gibt es in vielen Körnungen und Farben im Fachhandel. Wählen Sie lieber einen feinen als einen zu groben Kies.

Mit Wurzeln und schönen Steinen lässt sich ein Aquarium optisch total verändern. Geeignete Moorkien- oder Steinwurzeln gibt es im Zoofachgeschäft. Es genügt, wenn Sie diese vor dem Einsatz im Aquarium einfach abduschen. Machen Sie aber bitte nicht den Fehler, Wurzeln oder frisches Holz aus dem nächstgelegenen Wald ins Aquarium zu bringen, denn dann ist die Katastrophe schnell da.

Panzerwelse, hier *Corydoras polystictus*, sind lustige Gesellen, die unermüdlich im Aquarium umherstreifen und etwas zu fressen suchen. Sie sollten aber in kleinen Gruppen von fünf bis acht Exemplaren gehalten werden.

Kalkfreie Steine wie Basalt, Granit oder Schieferplatten, aber auch größere Kieselsteine lassen sich sehr dekorativ in einem Aquarium unterbringen. Allerdings ist es gut, nicht zu viele verschiedene Steinarten zu mischen, denn das bringt Unruhe in die optische Wirkung.

Brauchen Ihre Fische Verstecke, dann können Sie mit Steinen kleine Höhlen bilden oder sogar fertige Tonhöhlen kaufen. Viele Zwergcichliden und Harnischwelse lieben diese Versteckplätze geradezu.

Einige Fische, wie beispielsweise manche Zwergcichliden, laichen in Höhlen ab.

Sehr dekorativ sind die an Vulkangestein festgewachsenen *Anubias*-Arten, die so im Handel zu bekommen sind. Speerblätter, *Anubias*, sind sehr gut haltbare Aquarienpflanzen, die zwar langsam wachsen, sich aber durch Langlebigkeit auszeichnen.

Wasser marsch!

Die meisten Aquarianer benutzen einfach einen Schlauch, um das Aquarium mit Wasser zu füllen. Egal ob Sie nun mit dem Schlauch oder mit einem Eimer arbeiten, in jedem Fall ist es sinnvoll, einen Teller auf den Kies zu stellen und das Wasser vorsichtig in diesen einlaufenzulassen. So wird der Bodengrund nicht aufgeschwemmt und das Wasser bleibt von Anfang an klar. Füllen Sie das Wasser zunächst nur etwa 10 bis 15 cm hoch ein.

Der Zwergfadenfisch, *Colisa lalia*, aus Indien ist ausgesprochen friedlich und lässt sich gut paarweise halten. Die Männchen sind sehr farbenprächtig. Zur Fortpflanzung errichten sie, unter Einbau von Pflanzenteilen, Schaumnester an der Wasseroberfläche, in welche die von den Weibchen gelegten Eier eingebracht werden.

Der kleine Agassiz-Zwergbuntbarsch, *Apistogramma agassizii*, sei hier stellvertretend für alle Zwergbuntbarsche vorgestellt. Paarweise oder als Trio, ein Männchen und zwei Weibchen, gehalten, sind sie sehr friedlich und fühlen sich auch in kleineren Aquarien wohl. Bekommen sie eine Höhle, so werden sie eines Tages vielleicht ablaichen.

Damit der Bodengrund nicht aufgewühlt wird und das Wasser trübt, empfiehlt es sich, zum Einfüllen einfach einen Teller in das Aquarium zu stellen. Alternativ könnte auch eine kleine Plastiktüte auf den Boden gelegt werden.

Nun beginnt das Einpflanzen der Aquarienpflanzen. Dabei empfiehlt es sich, die
Pflanzen in Gruppen zusammenzusetzen
und größer werdenden Pflanzen in den
Hintergrund zu pflanzen. Es macht sich
immer gut, eine einzelne Solitärpflanze,
die besonders attraktiv ist, in ein Aquarium
zu pflanzen.

Werden die ersten Aquarienpflanzen
gekauft, so befinden sie sich oft in Töpfen
und haben kräftig Wurzeln gebildet.
Bei der Neueinpflanzung ist es günstig,
die Wurzeln mit einer Schere einzukürzen,
damit das Wachstum nach dem Einpflanzen
schnell angeregt wird.
Zum Einsetzen der Pflanzen wird das
Aquarium nur zur Hälfte mit Wasser gefüllt,
damit es sich einfacher Arbeiten lässt. In den
etwa 6 bis 10 cm hohen Kiesboden werden
mit den Fingern Löcher gestochen und gleichzeitig wird die Pflanze in dieses Loch gesetzt.
Der Kies rutscht schnell nach und schließt
dieses Loch wieder. Nun die Pflanze vorsichtig anziehen, damit sich die Wurzel glatt in
das Pflanzloch stellt, und mit den Fingern
etwas Kies um die Pflanze glatt streichen.
Fürs Erste ist die Pflanze so platziert, kann
jedoch später auch noch umgesetzt werden,
wenn man feststellt, dass dieser Standort
doch nicht so günstig war. Während des
Einpflanzens wird das Wasser leicht eintrü-
ben, doch schon am nächsten Tag ist das
Aquarium wieder klar.

Anfangs sieht die Bepflanzung vielleicht noch etwas mickrig aus, doch dies ändert sich schon nach einigen Wochen, wenn das Aquarium gut eingefahren ist und die Pflanzen kräftig zu wachsen beginnen. Dann haben Sie eher das Problem, wieder Pflanzen herausschneiden zu müssen, damit nicht alles zuwächst.

Der Sumpffreund, *Limnophila sessiliflora*, ist eine dankbare Aquarienpflanze, die sehr schnell wächst.

Die Stängel können einfach gekürzt und an anderer Stelle neu eingepflanzt werden. Schnell bilden sich neue Triebe.

Geeignete Aquarienpflanzen

Mit diesen zwölf prächtigen Einsteigerpflanzen klappt es ganz
sicher. Wählen Sie vier bis sechs Pflanzen für den Erstbesatz aus.

Myriophyllum aquaticum,
Brasilianischer Tannenblatt

*Ceratophyllum
demersum*,
Hornkraut

Echinodorus parviflorus,
Schwarze Amazonas-
schwertpflanze

Vallisneria americana,
Wasserschraube

*Echinodorus
parviflorus* var.
„Tropica",
Schwarze Samolus-
Schwertpflanze

Hydrocotyle leucocephala,
Brasilianisches Wassernabel

Vesicularia dubyana,
Javamoos auf
Lavastein

*Echinodorus
argentinensis*,
Argentinischer
Froschlöffel

Anubias barteri
var. *nana*,
Zwergspeerblatt
auf Lavastein

Sagittaria pusilla, Zwergpfeilkraut

Echinodorus bleheri,
Große Amazonas-
schwertpflanze

Rotala rotundifolia,
Rundblättrige Rotala

39

Steine und Moorkienholz

Diese Dekorationsgegenstände werden jetzt ebenfalls eingesetzt, so dass die Bepflanzung und die Dekoration Hand in Hand gehen. Schauen Sie sich das Aquarium kritisch von vorne an und entscheiden Sie, ob sich die Steine sowie Wurzeln an der richtigen Stelle befinden. Es ist immer gut, Dekorationsgegenstände nicht genau in die Mitte eines Aquariums zu legen, sondern etwas seitlich versetzt einzubringen. Jetzt geht es mit dem Auffüllen des Wassers weiter. Ist das Wasser zu zwei Dritteln eingefüllt, schauen Sie wieder kritisch in Ihr Aquarium und nehmen kleine Korrekturen bei den Pflanzen oder Dekorationsgegenständen vor. Manchmal lösen sich die Pflanzen auch wieder aus dem Bodengrund und müssen erneut befestigt werden. Hilfe leisten beim Befestigen der Pflanzen kleine Kieselsteine, die einfach um die Pflanzen herumgelegt werden.

Aquarienschränke haben den großen Vorteil, dass sich Teile der Technik, wie beispielsweise Filter, sehr gut im Unterschrank verbergen lassen. So sieht es am Aquarium immer aufgeräumt aus. Auch die Futterdosen lassen sich so verstecken.

Um sich ein genaues Bild vom späteren Aquarium zu machen, müssen eventuell noch Änderungen nach dem Auffüllen vorgenommen werden.

Jetzt ist der Zeitpunkt gekommen, die weitere Technik wie Filter und Heizung zu installieren. Der Innenfilter wird an seinem Platz befestigt oder – falls Sie einen Außenfilter haben – kommt dieser vielleicht in den Unterschrank.

Die elektrischen Geräte werden noch nicht ans Stromnetz angeschlossen, denn damit wollen wir warten, bis das Aquarium wirklich betriebsbereit gefüllt ist. Filter und Heizung sind installiert und das restliche Wasser eingefüllt. Eine Abdeckscheibe darauf und schon beginnt der Probelauf. Arbeitet der Filter?

Ein Kohlendioxidspender sorgt in größeren Aquarien schnell für guten Pflanzenwuchs.

Hat sich die Heizung eingeschaltet? Beides werden Sie schnell überprüfen können, denn der Filter bringt schon Bewegung ins Aquarium. Ob die Heizung funktioniert, lässt sich anhand des Kontrolllämpchens leicht feststellen.

Alles scheint zu klappen und zur Zufriedenheit zu funktionieren. Abdeckung drauf und Licht einschalten. Toll sieht es aus, das erste Aquarium, obwohl noch gar keine Fische im Aquarium schwimmen.

Doch das ist ja auch richtig. Der Besatz mit Fischen muss auf sich warten lassen, denn es ist ein absoluter Anfängerfehler, gleich nach der Einrichtung eines Aquariums Fische zu kaufen und einzusetzen. Es dauert etwa drei Wochen bis das Aquarium so richtig gut funktioniert. Die Mikroorganismen müssen sich vermehren, um die im Filtersubstrat ablaufenden komplizierten Abbauprozesse durchführen zu können.

Der Beilbauchsalmler, *Thoracocharax securis*, **ist ein schneller und aktiver Schwimmer, der – in Schwärmen gehalten – ein größeres Aquarium bevorzugt. Dieses muss gut abgedeckt werden, da er sonst aus dem Aquarium springt.**

Die Prachtbarbe, *Barbus conchonius*, **zählt ebenfalls zu den Standardfischen für ein Einsteigeraquarium. Auch hier ist eine Pflege in Gruppen vorzuziehen. Eine Vergesellschaftung ist nur mit anderen temperamentvollen Arten zu empfehlen.**

Schnell und einfach zum Aquarium!

Am richtigen Platz aufgestellt wird der Bodengrund eingefüllt.

Aquarienkies nach hinten ansteigend glatt streichen.

Wasser vorsichtig über einen Teller einfüllen.

Pflanzen nach einer Pflanzskizze einsetzen.

Jetzt von oben die Pflanzenanordnung betrachten.

Ein kritischer Blick von vorne ergibt ein anderes Bild.

Korrekturen vornehmen,
eventuell Pflanzen umsetzen.

Weiteres Wasser einfüllen und
immer an den Teller denken.

Abdeckung mit Beleuchtung
aufsetzen – Fertig!

Keine Panik, wenn das
Wasser anfangs ein paar
Tage lang trübe ist.
Sobald der Filter arbeitet,
wird alles klar.

Nach drei
Wochen sieht
alles schon
perfekt aus
und die ersten
Fische können
einziehen.
Sicher ist es
notwendig,
die Scheiben
zu putzen
sowie ab und
zu ein paar
veralgte Blätter
abzuschneiden.
Wenn das
Aquarium
dann so aus-
sieht, macht es
doch auch Spaß!

Das Aquarium ist frisch eingerichtet und das Wasser beginnt langsam klar zu werden.

Es gibt viel zu sehen

Auch ohne Fische haben Sie in den nächsten Tagen im Aquarium viel zu sehen, denn es kann passieren, dass das Wasser plötzlich trübe wird, ohne dass es dafür einen Grund zu geben scheint. Es bilden sich viele Luftbläschen, die eine oder andere Pflanze hat sich selbstständig gemacht und ist aus dem Bodengrund entschwebt. Tag für Tag wird es interessanter und das Wasser hat sich jetzt auch völlig geklärt. Sie lassen das Aquarium ganz normal laufen. Die tägliche Beleuchtung von etwa zwölf Stunden wird eingehalten.

Zwergharnischwelse, wie dieser *Otocinclus hoppei*, sind gute Algenvertilger und gehören deshalb oft zur Erstbesatzung, die sich der Algen annehmen soll.

Da jetzt die ersten Algen auftreten können, ist es vielleicht klug, zuerst einen guten Algenvertilger einzusetzen. Die Siamesische Grünflossenbarbe, *Crossocheilus siamensis*, leistet hier wirklich super Arbeit.

Nach einigen Tagen legt sich ein erster Algenfilm über die Aquarienscheiben. Mit einem magnetischen Scheibenreiniger ist dieses Problem schnell beseitigt.

Kaufen Sie also zuerst, je nach Aquariengröße, vier bis sechs solcher Algenvertilger und setzen Sie diese in das Aquarium. Füttern müssen Sie natürlich nicht, denn die

Fische sollen ja schließlich die Algen auffressen und selbst feinste Algenrasen, die mit bloßem Auge nicht zu erkennen sind, werden von ihnen vertilgt.

Die Fische halten Einzug

Drei Wochen nach der Aufstellung des Aquariums ist es dann soweit, dass die Fische einziehen können. Beim ersten Aquarium ist die Auswahl der Fische sicherlich nicht einfach, denn beim Besuch in einem Zoofachgeschäft ist die Überraschung über das riesige Angebot groß. Welcher Fisch passt zu welchem? Erste Hilfestellung wird Ihnen hoffentlich die Beratung im Fachgeschäft bringen. Wir haben in diesem Buch versucht, Ihnen die pflegeleichtesten Aquarienfische vorzustellen. Dies sind zwar nur Anhaltspunkte, aber damit lässt sich schon viel anfangen. Wichtig ist es, sich Zeit zu lassen und die Fische erst nach etwa drei Wochen in das Aquarium einzusetzen. Auch bei der Menge der Fische ist die Beschränkung wichtig. Was nützt es denn, wenn in einem kleinen Aquarium gleich so viele Fische eingesetzt werden, dass durch die Überbesetzung Probleme entstehen?

Wenn Ihr erstes Aquarium ein Erfolg war, weil Sie alle Ratschläge befolgten, dann werden Sie sich sicherlich ein zweites Aquarium wünschen. Dieses kann ruhig etwas größer sein, damit Sie auch solch ein fantastisches Unterwasserbild in Ihrem Wohnzimmer haben.

Wenn Sie die ersten Fische gekauft haben, werden Ihnen diese in einem Plastikbeutel übergeben und geschickterweise sind die Fische mit Zeitungspapier gegen Abkühlung geschützt. So geht es dann nach Hause und dort werden die Fische **nicht** schnell ins Aquarium gekippt, sondern es findet zuerst ein Temperaturangleich statt, indem der geschlossene Beutel für etwa 15 Minuten auf das Aquarium gelegt wird. Selbstverständlich darf der Beutel nicht direkt unter der Aquariumbeleuchtung liegen, denn sonst würden die Fische durch das Licht gestresst. Hat sich die Temperatur etwas angeglichen, so wird der Beutel geöffnet und etwas Aquarienwasser vorsichtig hineingegossen. So können sich die Fische bereits an das neue Wasser gewöhnen. Nach etwa 15 bis 20 Minuten können Sie die Fische über ein kleines Netz aus dem Beutel gießen und ohne das Transportwasser vorsichtig ins Aquarium einsetzen. Ihre Fische werden sich schnell eingewöhnen und spätestens am nächsten Tag können Sie bereits mit dem Füttern beginnen. Futtersorten gibt es unzählig viele. Für ein Gesellschaftsaquarium ist es günstig, ein Markenflockenfutter zu verwenden, denn diese Flockenmischung enthält für jede Fischart die richtige Diät. Ab und zu lockern Sie den Speiseplan der Fische mit Leckereien auf, indem Sie beispielsweise gefriergetrocknete Mückenlarven oder die eine oder andere Frostfuttersorte zufüttern. Wichtig ist jedoch immer, dass das angebotene Futter innerhalb kürzester Zeit – und dies bedeutet fünf bis zehn Minuten – aufgefressen wurde. Futterreste dürfen nicht auf dem Aquariumboden liegen bleiben, denn sonst verderben diese. Gerade während eines Urlaubs kommt es dann zu kleinen Katastrophen, wenn der Urlaubsvertreter es zu gut meint und die Fische mit viel zu viel Futter versorgt. Also lieber dreimal täglich weniger füttern als einmal zu viel.

Zehn goldene Aquarienregeln:

1. **Aquarien niemals überbesetzen. Die Fische müssen zusammenpassen.**
2. **Nur friedliche Fische zusammensetzen. Räuberische Arten meiden.**
3. **Auf gute Wasserqualität achten. Wasserwerte regelmäßig überprüfen.**
4. **Ein wöchentlicher Teilwasserwechsel von etwa 20 % sollte zur festen Gewohnheit werden. Dabei immer Mulm absaugen.**
5. **Futterreste nicht über Nacht im Aquarium belassen, denn das erzeugt zu viele schädliche Abfallprodukte. Reste rechtzeitig absaugen.**
6. **Nur Fische neu einsetzen, die vorher in Quarantäne waren und vorbeugend behandelt wurden.**
7. **Auf gute Fütterung achten und vitaminreiches Futter geben.**
8. **Nur so viel füttern, wie innerhalb von fünf bis zehn Minuten restlos gefressen wird.**
9. **Die technischen Geräte regelmäßig überwachen und die Filtermaterialien nicht restlos auswaschen.**
10. **Auf guten Pflanzenwuchs achten und eventuell eine Kohlendioxiddüngung anschaffen, denn in gut funktionierenden Pflanzenaquarien werden Fische selten krank.**

Bildquellen

Richter, Hans-J.: Seite 5, 7, 21, 34, 41, 44
A.D.A./ Takashi Amano: Seite 6, 7, 17
Tavernier Yvette: Seite 9, 20, 41, 45
Schmidt, Jürgen: Seite 13, 45 oben
Kahl, Burkhard: Seite 2, 48
Piednoir, M.-P. & C.: U2, U3, Seite 11, 32, 46
Alle anderen Fotos: bede Verlag

Titelfoto: Zoonar/Anika Börries

Haftungsausschluss

Autor und Verlag haben sich um richtige und zuverlässige Angaben bemüht.
Eine Garantie kann jedoch nicht gegeben werden. Haftung für Schäden und Unfälle wird
aus keinem Rechtsgrund übernommen. Der Tierhalter sollte bedenken, dass er in eigener
Verantwortung handelt.

Bibliografische Information der Deutschen Nationalbibliothek

Die Deutsche Nationalbibliothek verzeichnet diese Publikation in der Deutschen Natio-
nalbibliografie; detaillierte bibliografische Daten sind im Internet über http://dnb.d-nb.de
abrufbar.

© 2006, 2013 Eugen Ulmer KG
Wollgrasweg 41, 70599 Stuttgart (Hohenheim)
E-Mail: info@ulmer.de
Internet: www.ulmer.de
Umschlagentwurf: Sojus Design, Kai Twelbeck, Stuttgart
Druck und Bindung: Litotipografia Alcione, Lavis
Printed in Italy

ISBN 978-3-8001-7863-6